"누구나 변화를 일으킬 수 있습니다."

바다는 마냥 넓은 줄 알았습니다. 그래서 우리가 무슨 짓을 해도 다 품어줄 줄 알았습니다. 우리가 뭘 내다 버려도 바다에는 그 어떤 흔적도 남지 않을 줄 알았습니다. 그런데 이게 웬일인가요? 우리가 버린 플라스틱이 저 바다 한가운데로 모여들어 미국 텍사스주 크기에서 러시아 크기의 플라스틱 섬들이 만들어졌답니다. 우리나라 전체 면적의 7배에서 150배나 됩니다. 우리는 어쩌다 우리가 살고 있는 이곳을 이 지경으로 만들었을까요?

이 책은 글 한 줄 없이 그림으로만 얘기합니다. 어느 날 해변으로 놀러간 한 아이가 모래 놀이를 하는데 끊임없이 쓰레기가 올라오는 걸 발견하고 지구의 날에 해변에서 주어온 쓰레기로 물고기 모양의 예술 작품을 만들어 학급 친구들에게 보여주면서 일어난 자발적인 지구 살리기 운동을 그린 책입니다.

우리가 저지른 잘못 우리가 바로잡아야 합니다. 환경을 깨끗이 하는 일은 반드시 국가가 해야 하는 게 아닙니다. 꼭 어른들이 해야 하는 것도 아닙니다. 누구나 할 수 있는 일입니다. 미래 세대의 주인인 어린이 여러분이 시작하면 어른들도 따를 겁니다. 우리가 살고 있는 지구의 환경을 되살리기 위해, 이웃을 위해, 다른 동물들을 위해 누구든 작은 일부터 시작하면 됩니다. 이게 바로 제인 구달 박사님이 전 세계 어린이들과 함께 하고 있는 '뿌리와 새싹 운동'의 정신이기도 합니다. 현재 우리나리를 비롯해 세계 120개국의 어린이들이 친구가 되어 일하고 있습니다. 구달 박사님은 늘 이렇게 말씀하십니다. "사람은 누구나 중요합니다. 각자 할 일이 있습니다. 누구나 변화를 일으킬 수 있습니다."

바다에게 정말 미안한가요? 그럼 우리 모두 지구 살리기 운동에 동참합시다.

최재천

이화여대 에코과학부 석좌교수 / 생명다양성재단 대표

나의 아내 마리 엘레와 사랑스런 아이들 엔조와 마테오 그리고 제이드에게

_조엘 하퍼

친애하는 친구들 이첼, 올린 그리고 로안에게

_ 에린 오서

Sea Change:

a sudden and dramatic shift, a positive transformation.

지구를 위한 한 소녀의 작지만 의미 있는 행동

바다야 미안해

조엘 하퍼 | 지음 · 에린 오셔 | 그림

썬더키즈
thunder kids

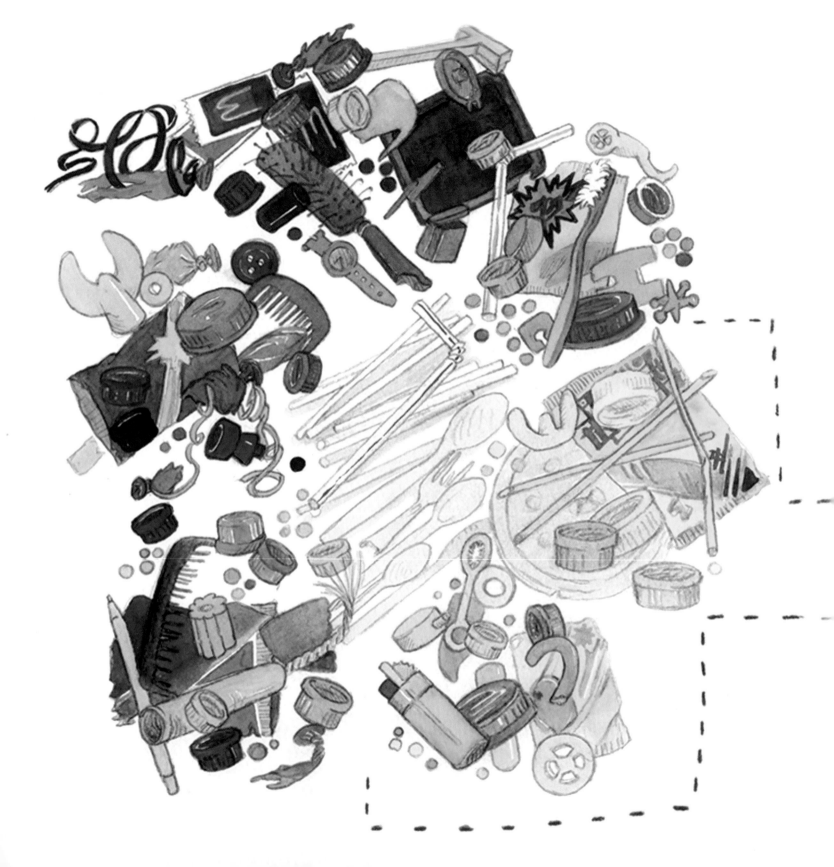

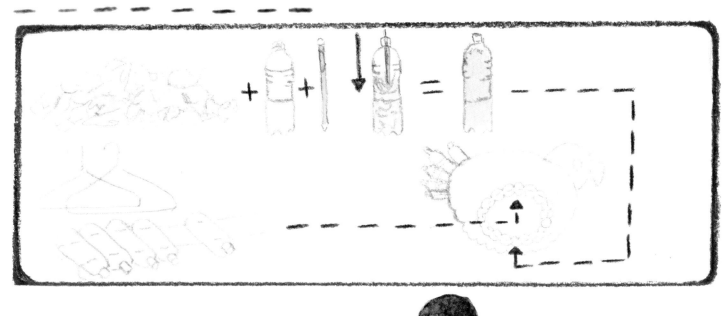

함께 만들어요!

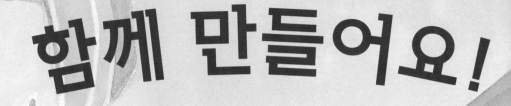

우리는 무엇을
할 수 있을까?
너의 생각을 알려줘

www.seachangestory.org

바다는 지금 플라스틱 쓰레기로 큰 위험에 처해 있어요.

하지만 우리 모두가 함께 움직이면 바다를 구할 수 있지요.

이미 전 세계의 수많은 환경 활동가들이 지구를 살리기

위한 다양한 활동을 하고 있어요. 이젠 우리도 함께 해봐요.

도서관을 가고 인터넷을 검색해 봐요. 바다를 위해 우리가

할 수 있는 일들이 무수히 소개되어 있을 거예요.

내가 할 수 있는 활동을 찾아 직접 행동에 옮겨 보세요.

여러분 한 명, 한 명이 움직인다면 세상은 분명 변할 수 있

으니까요. 우리 손으로, 우리 바다를 깨끗하고 아름답게

되돌려 보아요!

지은이 조엘 하퍼

책 『올 더 웨이 투 디 오션』으로 수상한 경력이 있으며, 해양환경보존을 지지하는 국내 및 국제 여러 환경단체와 함께 일하고 있다. 글을 쓰거나 책을 발행하지 않을 때에는 아름다운 라구나 해변에서 여유 있는 시간을 보내며, 악기를 연주한다. 현재 캘리포니아 클레몬트에서 부인, 두 아들과 함께 살고 있다. www.joelharper.net에서 그의 작품을 더 볼 수 있다.

그린이 에린 오셔

시각예술 분야 교수이며 수상 경력이 있는 삽화가이다.
그녀는 조용한 바닷가 마을에서 자랐으며, 그곳에서 수영, 파도타기뿐만 아니라 배를 타고 해변에서 일도 했다. 바다는 에린과 가족들에게 너무나 행복한 곳이어서 가족의 일부나 같았다. 그들은 거칠고 아름다운 바다를 존경과 경외의 마음으로 사랑하는 사람처럼 소중히 대한다. www.erinoshea.com에서 그녀의 작품을 더 볼 수 있다.

지구를 위한 한 소녀의 작지만 의미 있는 행동

바다야 미안해

1판 1쇄 발행 2019년 3월 29일
1판 2쇄 발행 2020년 6월 1일

지은이 조엘 하퍼 **그린이** 에린 오셔

펴낸이 손기주

펴낸곳 썬더버드 **등록** 2014년 9월 26일 제 2014-000010호
주소 경기도 의왕시 정우길47. 2층 **전화** 02 6396 2807 **팩스** 02 6442 2807

ⓒ 썬더버드 2019 Printed in korea
ISBN 979-11-96621-00-1 73550

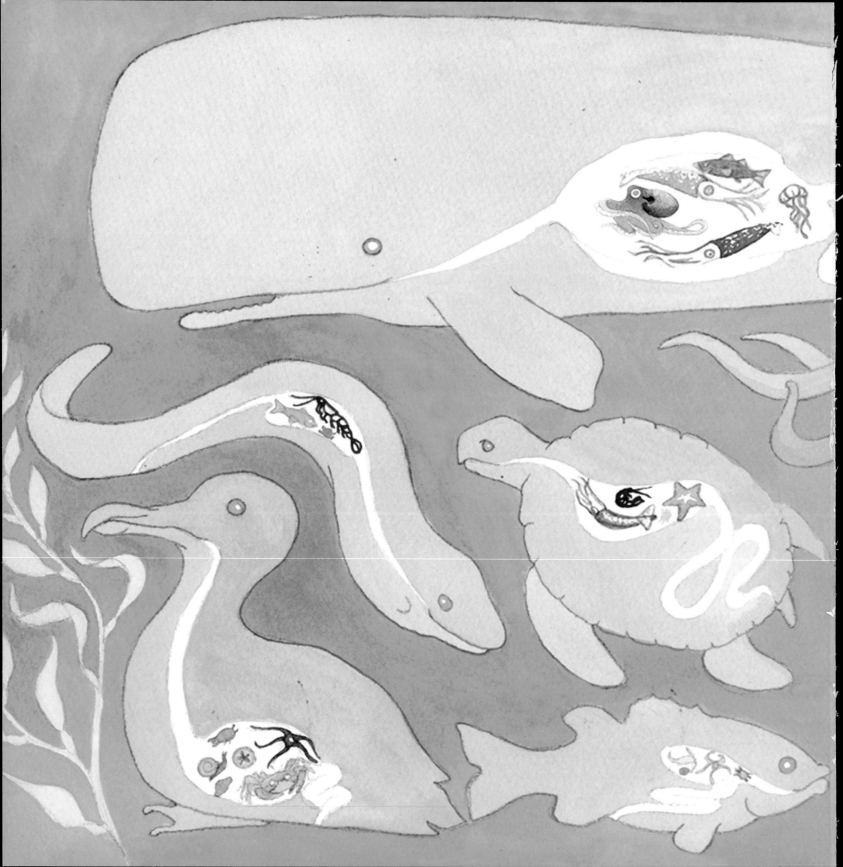